Histoires des sciences dans la Chine ancienne

Les quatre grandes inventions

Texte: Zhu Kang
Illustrations: Hong Tao   Feng Congying

Histoire de la fabrication du papier

L'imprimerie typographique

La boussole miraculeuse

Les prêtres taoïstes et la poudre

LES LIVRES DU DAUPHIN BEIJING

图书在版编目（CIP）数据

中国古代四大发明 / 朱抗编写; 洪涛, 冯聪英绘.
北京: 海豚出版社, 2005. 7
(中国古代科学故事丛书)
ISBN 7-80138-493-8

I. 中... II. ①朱... ②洪... ③冯...
III. 技术史－中国－古代－法文
IV. N092

中国版本图书馆CIP数据核字（2005）第080908号

Première édition 2005

ISBN 7-80138-493-8

Les Livres du Dauphin
24, Bai Wan Zhuang
100037 Beijing, Chine

Distributeur: Société chinoise du Commerce
international du Livre
35, Che Gong Zhuang Xi Lu, B.P. 399
100044 Beijing, Chine

Imprimé en République populaire de Chine

Histoire de la fabrication du papier

Divers moyens avaient été employés pour consigner l'écriture avant l'apparition du papier.

Les anciens Sumériens usaient de signes pictographiques avec le modelage de l'argile.

Les anciens Egyptiens écrivaient sur une sorte de plante aquatique qui poussait sur les rives du Nil.

Les anciens Indiens, eux, employaient les feuilles d'un grand palmier.

Les Européens écrivaient sur du parchemin de mouton.

C'est le *jiaguwen*, inscription divinatoire faite sous la dynastie des Shang, datant de plus de 3 000 ans. Gravés sur os d'animaux et carapaces de tortue, ce sont les caractères chinois les plus anciens.

C'est une marmite en bronze. On appelle les inscriptions gravées sur elle "inscriptions sur bronze".

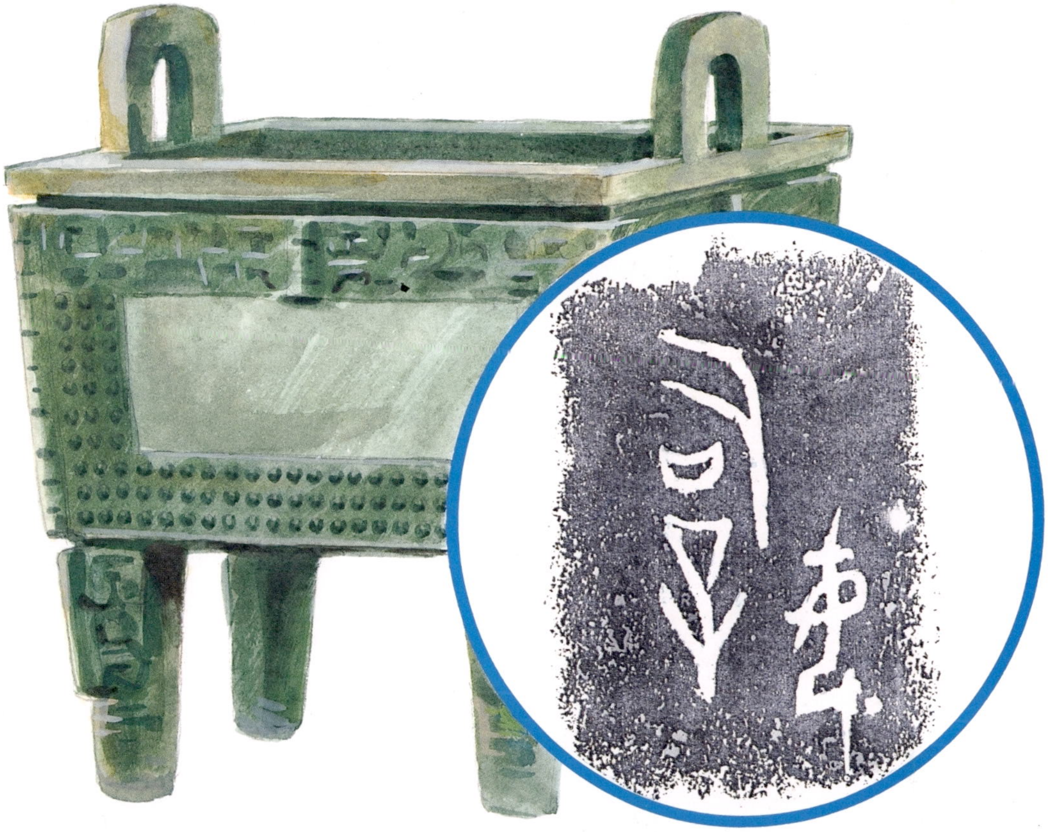

Voilà une inscription sur bronze.

Le XVIIe siècle av. J.-C. est celui de la dynastie des Shang dans l'histoire de la Chine. A cette époque, il y eut souvent des guerres entre les différentes tribus.

A cette époque, on ne savait pas fabriquer le papier; on inscrivait les événements importants sur os et carapaces de tortue ou sur bronze.

A partir de la fin de la dynastie des Shang, on commença à remplacer graduellement les os et carapaces par des tablettes de bambou et de bois comme support à l'écriture. Le caractère chinois 册, qui signifie *volume*, symbolise quatre tablettes de bambou reliées entre elles.

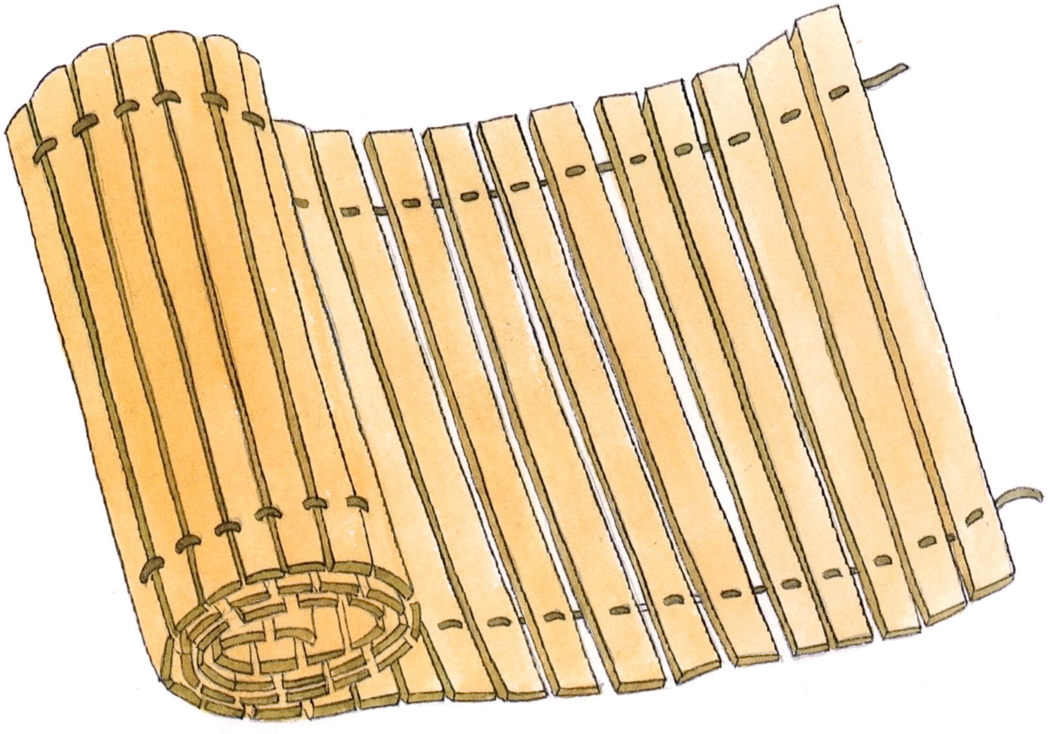

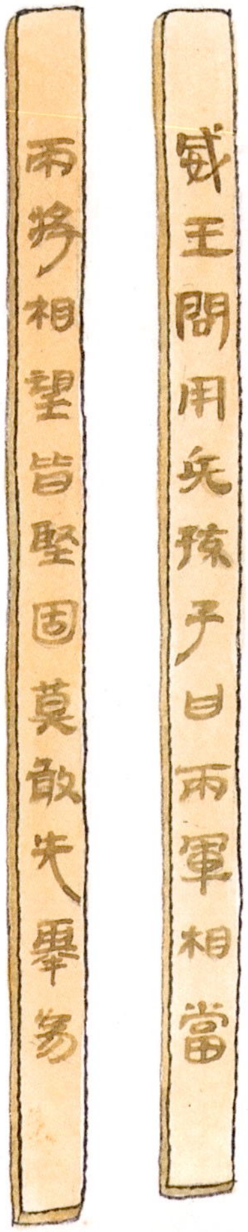

Comme les tablettes de bambou étaient lourdes, il fallait des porteurs pour les transporter. L'empereur devait lire chaque jour quelque 50 kg de documents.
Votre Majesté, n'elle-est pas belle, cette peinture dessinée par moi?
La soie est si précieuse qu'on la garde pour les habits, et voilà que tu l'utilises pour peindre!
Est-il possible de peindre sur ces plaquettes de bois?
Bon, ça va, je n'ai rien dit.
Tablettes de bambou et de bois et soieries ayant leurs défauts respectifs, soit l'encombrement, soit le prix, alors qu'est-ce qu'on pourrait bien employer pour écrire?

Ainsi, nous pourrons envoyer notre enfant à l'école.
Cette année, bonne récolte des cocons. On dévidera les bons; avec les mauvais, on fera de la bourre de soie.

Les époux placèrent les déchets du dévidage sur une natte de bambou qu'ils trempèrent dans la rivière; ils les broyèrent ensuite avec un gourdin.

Maman, pourquoi broies-tu les cocons?
Pour avoir de la bourre de soie.

Puis, on sécha la bourre de soie au soleil.

Maman, donne-moi une feuille de soie; je voudrais faire un dessin.
Non, il faut porter cela à la Cour pour les inscriptions. Demain tu demanderas à ta tantine quelques feuilles de chanvre.

A l'époque des Han de l'Ouest, soit il y a plus de 2 000 ans, on s'aperçut que la soie et le chanvre, une fois broyés, laissaient sur la natte une fine pellicule de fibres qui pouvait être utilisée comme support de l'écriture.

Sous le règne de l'empereur Hedi (89-105 ap. J.-C.) des Han de l'Est (25-220 ap. J.-C.), vivait en Chine un artisan papetier extrêmement habile qui s'appelait Cai Lun. Il était dans le Palais, au service de l'empereur et chargé en même temps d'administrer les ateliers artisanaux du Palais, à titre d'Intendant général.

Le lendemain matin, Cai Lun fit venir quelques artisans des ateliers.
Allez chercher des écorces d'arbre, des déchets de chanvre, des chiffons et des filets de pêche usés.
Voilà tout ce que vous voulez.
Faites-les tremper d'abord dans l'eau pour les rouir.

10

Seigneur, si on les hachait, ce serait plus facile de les rouir.
Les écorces d'arbre, les déchets de chanvre, les vieux chiffons et les filets de pêche au rebut, hachés en petits morceaux, furent jetés dans un grand étang. Quelques mois plus tard, ils étaient tous pourris.
Il reste encore des nœuds! Pilons le mélange pour en faire une pâte après cuisson.
Le tout fut réduit en miettes avec le pilon.
Puis on le mit à cuire à grand feu.

Regardez bien, étaler la pâte à papier exige une bonne technique!
Il faut étaler uniformément la pâte cuite en mince couche sur un rideau de bambou.
On la presse avec le rideau de bambou pour faire sortir l'eau.
Finalement, on applique les feuilles de papier sur les parois du fourneau pour les sécher.

En l'an 100 ap. J.-C., le célèbre savant chinois Xu Shen acheva le premier dictionnaire étymologique chinois, le *Shuowen Jiezi*, dans lequel il y a déjà le caractère 紙 (papier), dont la partie latérale "糸" signifie que le papier a été fabriqué à partir de la soie.

Après la découverte de Cai Lun, la fabrication du papier se développa même hors de la Cour. Les matériaux utilisés devinrent de plus en plus variés et la production du papier s'accéléra considérablement.

Grâce à l'invention du papier, la culture put se répandre bien plus largement. L'écriture, la peinture, l'imprimerie, sont toutes tributaires du papier. Celui-ci devint enfin indispensable dans la vie quotidienne.

L'imprimerie typographique

L'apparition du papier répandit la pratique de l'écriture. Mais comment imprimait-on les livres dans la Chine antique? C'est ce que va nous apprendre cette histoire.

A partir de la dynastie des Han de l'Est au premier siècle ap. J.-C., grâce au développement de la papeterie, copier les livres à la main devint une pratique courante dans tout le pays.

Il faut y arriver quand même; sinon, notre prof sera fâché.
Il y a tant de caractères, on ne pourra pas finir la copie avant la tombée du jour.
Quel travail! J'ai des éblouissements et je suis tout courbaturé.
Qu'est-ce qu'ils font, ces gens-là? Allons voir!
Ah, il est en train de faire de l'estampage!
Humidifier une feuille de papier en l'aspergeant d'eau.
Puis appliquer la feuille sur la stèle.
Frapper légèrement le papier avec un frotton pour lui faire épouser les creux du papier.
Encrer ensuite la feuille de papier avec un frotton encré, et les motifs apparaissent.

La technique de l'estampage se généralisa à partir du IVe siècle. Elle est considérée comme la principale méthode pour la reproduction d'inscriptions et de gravures avant l'invention de l'imprimerie.

Une autre technique spéciale d'impression était également connue depuis plus de 3 000 ans en Chine: le sceau, ou le cachet. Il existait des sceaux en bois, en pierre ou en os. L'encrier du sceau contenait en général une pâte rouge.

Voici Su Qin, un homme politique du IVe siècle av. J.-C.. Regardez, il portait toujours sur lui les sceaux de Premier Ministre de six Etats!

Il y a deux sortes de sceaux: ceux gravés en relief et ceux gravés en creux. Les sceaux en relief permettent d'obtenir des caractères rouges sur fond blanc, ce qui en rend la lecture très claire. Avec les sceaux en creux, en revanche, on obtient des caractères blancs sur fond rouge.

La dynastie des Tang, établie au VIIe siècle, fut la période prospère de la culture féodale. Le besoin de livres augmenta considérablement. Mais l'usage de l'estampage et des sceaux pour la reproduction des textes était loin de répondre à cette exigence de la société.

Maître, il va pleuvoir.
Rentrez vite les stèles dans la maison.

Si l'on gravait les caractères sur le bois, ce serait plus facile à transporter.
L'imprimerie et l'estampage ce n'est pas la même chose.

Je trouve que le petit frère a raison. Essayons un peu.

Polir la planche.

Coller une feuille de modèle d'écriture à l'envers sur la planche polie.

Graver les caractères en creux.

Encrer la planche gravée avec un pinceau mouillé dans l'encrier.

Etaler une feuille de papier vierge sur la planche gravée.

Presser la feuille contre la planche avec un frotton.

C'est ainsi que naquit la xylographie. Cette nouvelle technique se répandit rapidement partout dans le pays. Au IXe siècle, elle devint une méthode couramment utilisée.

Loin de la capitale de la dynastie des Tang, se trouvaient les grottes des Mille Bouddhas (Qianfodong) de Dunhuang. Un grand nombre de dévots s'y rendaient toujours pour pratiquer leur culte.
Maître, on a fini la xylographie du Sûtra de Diamant.
Le travail a duré plusieurs années, enfin c'est terminé!
Un livre composé d'un rouleau de six feuilles de papier collées bout à bout, c'est un vrai miracle!

Dans le texte, on trouve la date d'impression: "le 10 avril, 9e année du Xiantong". La "9e année du Xiantong", c'est l'an 868 de notre ère. Il est ainsi prouvé que cet ouvrage est la plus ancienne xylographie conservée dans le monde entier.

A l'époque Qingli (1041-1048) sous le règne de l'empereur Renzong des Song, Bi Sheng, un inventeur chinois, mit au point les caractères mobiles, qui devaient faire énormément progresser la technique de l'imprimerie.

Né dans une famille très pauvre, Bi Sheng, dans son enfance, allait à la pêche avec son père pour gagner leur vie.

Pourrais-je trouver un autre système?

Il évida un caractère erroné.

Ensuite il enserra un caractère correct à sa place.

Bi Sheng, c'est une excellente idée!

Maître, si on faisait des caractères mobiles et qu'on les dispose sur une plaque, puis qu'on les récupère après usage, ce serait plus facile et économique, n'est-ce pas?

Mais avec quoi coller tous ces caractères?
Avec de la résine et de la cire, peut-être.
C'est collé! C'est collé! Bi Sheng, tu as réussi!
Ces caractères peuvent être disposés et recomposés, c'est donc "l'imprimerie par caractères mobiles", d'accord?
Mais après avoir servi plusieurs fois, les caractères gravés sur le bois de sapin se déformèrent sous l'action de l'eau. Et quand on essaya de les récupérer, la résine et la cire les collaient tellement qu'on ne put pas les enlever.
Avec quoi peut-on remplacer les caractères de bois?
Mon dé est le plus solide.
Non, c'est le mien!

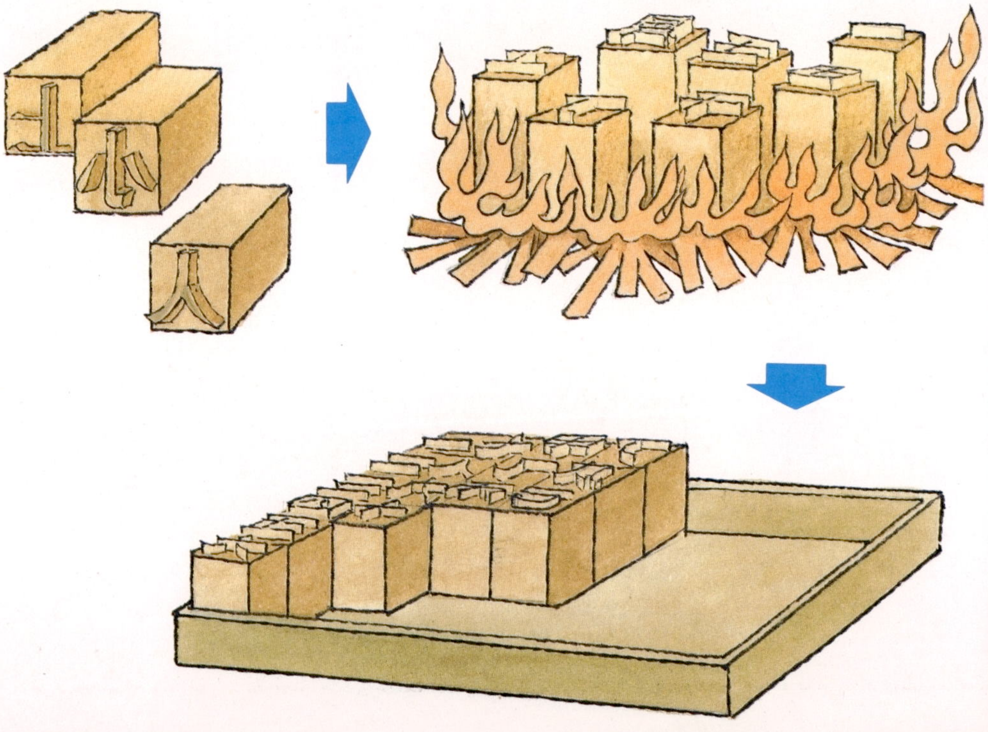

Les caractères mobiles en argile furent ainsi fabriqués. Ils étaient non seulement faciles à graver, mais aussi solides et aisés à récupérer. Les caractères en argile se généralisèrent rapidement, ce qui accéléra le processus de l'imprimerie et permit d'économiser beaucoup de bois.

Sous les Yuan, au XIVe siècle, un agronome nommé Wang Zhen grava au total plus de 30 000 caractères mobiles en bois solide, bien rangés et séparés par des lattes de bambou. Grâce à cette méthode, la qualité et la netteté des livres imprimés s'améliorèrent.

Ce que Wang Zhen fit confectionner, ce fut "la casse tournante", composée de deux grandes casses circulaires d'un diamètre de 7 *chi*. L'une s'appelait "*Yunlun*"; l'autre, "*Zazilun*". Les caractères peu utilisés classés par rimes furent mis dans la première casse, et les caractères courants, dans la deuxième. Lors de la composition, une personne lisait le manuscrit pendant qu'une autre, assise entre les deux casses, retirait un à un les caractères. C'était une méthode rapide qui exigeait moins d'effort.

28

De l'estampage, des sceaux, de la xylographie jusqu'à la typographie, l'imprimerie a parcouru une longue période de développement. Avec l'amélioration de la technique d'imprimerie, les livres chinois se multiplièrent de plus en plus rapidement.

La boussole miraculeuse

Est-ce une cuillère à pot? Non. Est-ce un échiquier? Non plus. C'est la boussole antique de Chine.

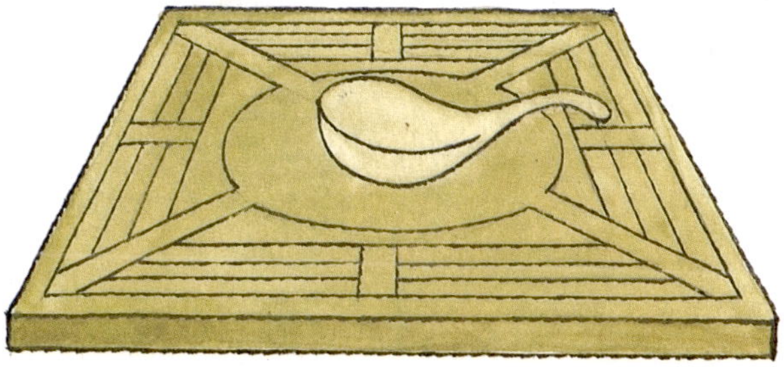

De 221 à 206 av. J.-C. nous sommes sous la dynastie des Qin. Après avoir unifié la Chine, l'empereur Shihuangdi des Qin fit bâtir à Xianyang, dans la province du Shaanxi, le grand Palais Epang.

En réalité, cette grande porte du Palais Epang était faite avec un bloc d'aimant. Toute arme en fer était attirée par elle. Cette affaire remonte à plus de 2 000 ans. La boussole fabriquée plus tard était en aimant, elle aussi.

Malgré les différentes formes des aimants, ceux-ci ont tous deux pôles magnétiques. L'un s'appelle le pôle S, l'autre, le pôle N.

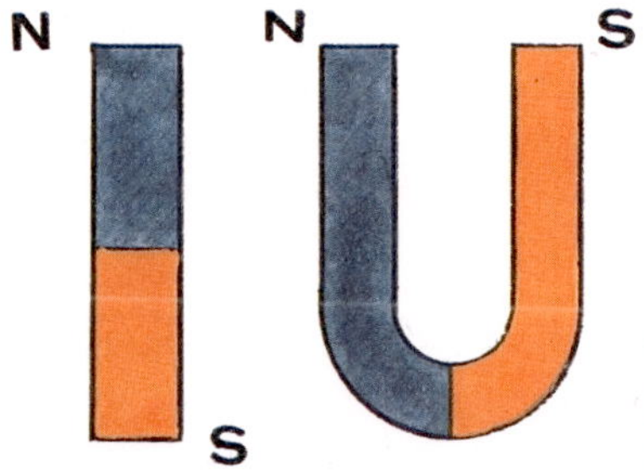

La Terre est un grand champ magnétique naturel. Le pôle arctique est le pôle magnétique N, et le pôle antarctique est le pôle S.

Voilà une aiguille aimantée.

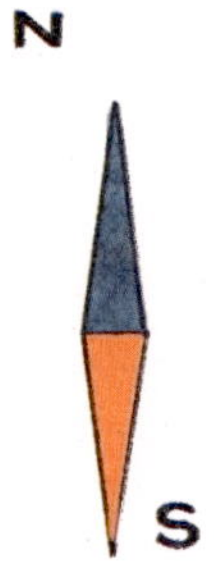

Le pôle N de l'aiguille aimantée indique toujours le nord, et le pôle S s'oriente toujours vers le sud.

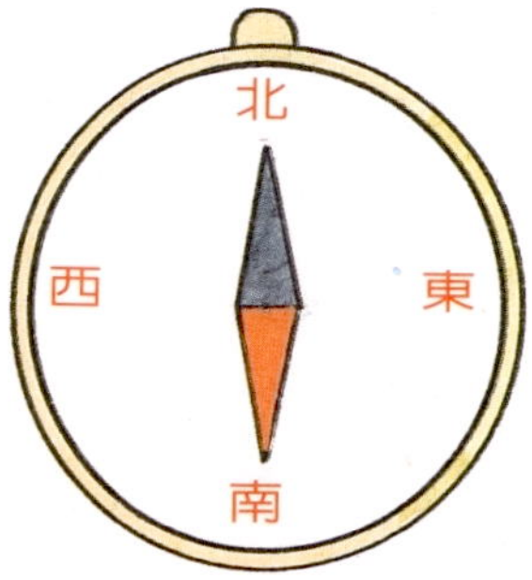

Si l'on met l'aiguille aimantée sur une boussole, on a la boussole actuelle.

La boussole antique différait de la boussole actuelle. Voilà la boussole fabriquée à l'époque des Royaumes Combattants datant de plus de 2 000 ans.

C'est une cuillère aimantée qui ressemble beaucoup à une grande cuillère posée sur une planche carrée.

Dans l'antiquité, les artisans qui allaient exploiter le jade dans de lointaines montagnes emportaient toujours avec eux une cuillère aimantée, de peur de perdre leur chemin.
On dirait que nous nous sommes trompés de chemin.
Soyez tranquille, laissez-moi voir.
Comment utiliser ce machin?
D'abord poser le socle bien à plat, puis faire tourner la cuillère.
Le manche de la cuillère indique le sud. Bon, on va vers le sud.
La nuit tombe, dépêchons-nous!

Sous la dynastie des Song, le "poisson aimanté" fit son apparition. Le poisson, une fois posé dans un bol d'eau, pouvait indiquer la direction, car la surface liquide reste toujours horizontale.

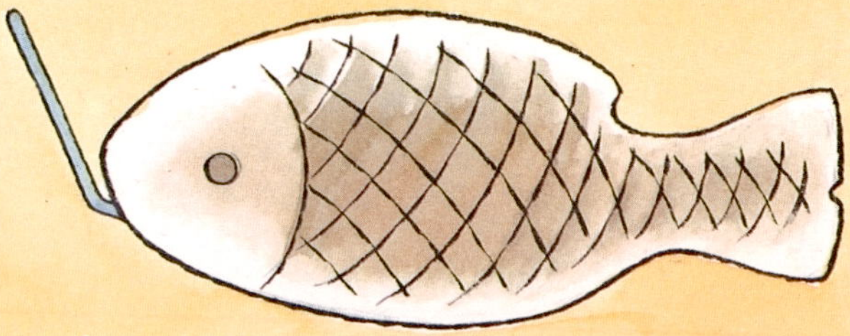

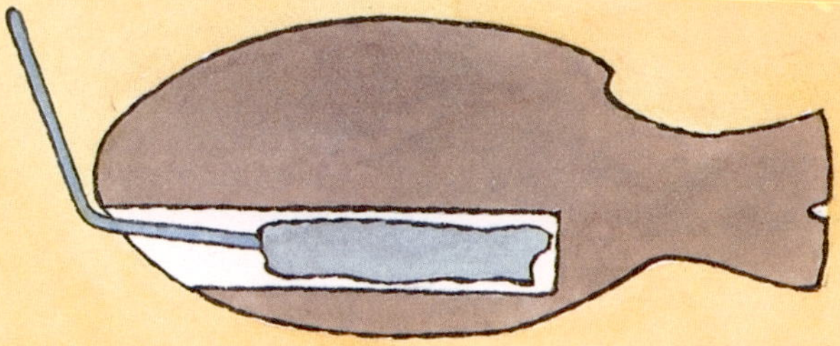

"Le poisson aimanté" était taillé dans du bois. On mit dans le ventre du poisson un aimant dont le pôle sud était dirigé vers l'extérieur. Après avoir scellé la bouche avec de la cire, on y inséra une aiguille. Le poisson une fois posé sur l'eau, l'aiguille sertie dans la bouche indiquait alors le sud.

Le principe de cette "tortue aimantée" était le même que celui du poisson aimanté. Elle pouvait aussi tourner.

Au Xᵉ siècle, les Chinois se servaient aussi d'une sorte de "poisson de fer" dans le domaine militaire. Sans contenir un aimant dans son ventre, le poisson pouvait tout de même indiquer la direction.

Le mystère du "poisson de fer" était dans cette boîte, où il y avait un aimant naturel. Le poisson de fer, après avoir été en contact avec cet aimant naturel pendant un long moment, s'imprégnait de son pouvoir magnétique et pouvait indiquer la direction.

Voici Shen Kuo, un savant qui vivait sous la dynastie des Song. Dans son ouvrage, le *Mengxi Bitan*, il décrit quatre expériences pour indiquer la direction:

La méthode de l'aiguille flottante

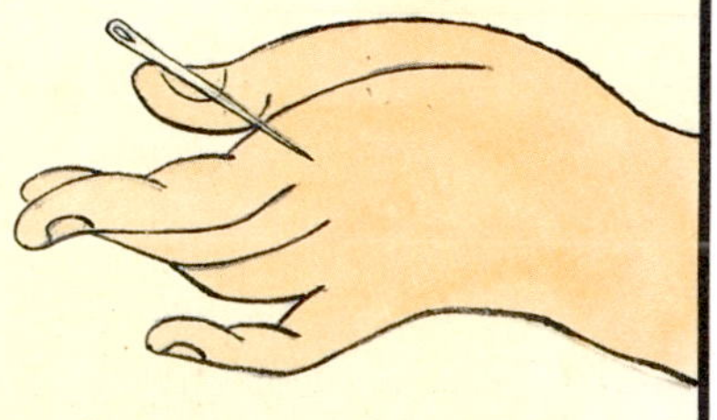

La méthode de la rotation sur l'ongle

La méthode de la rotation sur le bord d'un bol

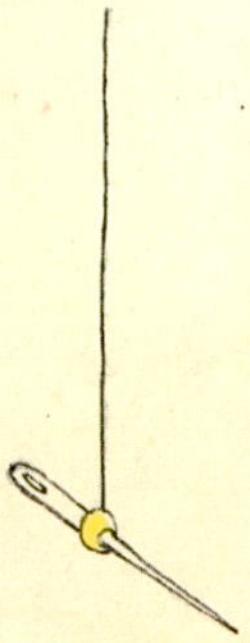

La méthode de la suspension

Shen Kuo découvrit aussi "la déclinaison magnétique", c'est-à-dire que le méridien magnétique de l'aiguille aimantée et le méridien géographique de la Terre ne sont pas tout à fait parallèles. Il y a un léger décalage entre le pôle magnétique et les pôles géographiques

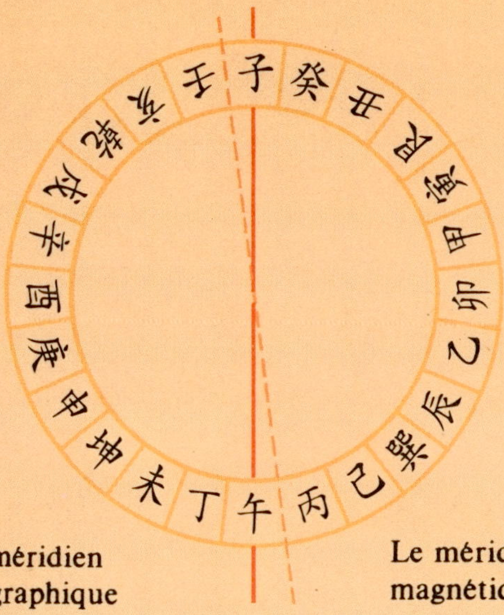

Le méridien géographique

Le méridien magnétique

L'invention de la boussole entraîna un grand développement de la navigation maritime. A partir du Xᵉ siècle, les bateaux chinois allaient et venaient de la Mer de Chine méridionale à l'Océan Indien, parfois même se rendaient jusqu'en Arabie.

Les routes maritimes qui reliaient la Chine aux autres pays s'ouvrirent à l'aide de l'aiguille aimantée. Les livres de cette époque-là nommaient donc ces routes de navigation "les routes de l'aiguille".

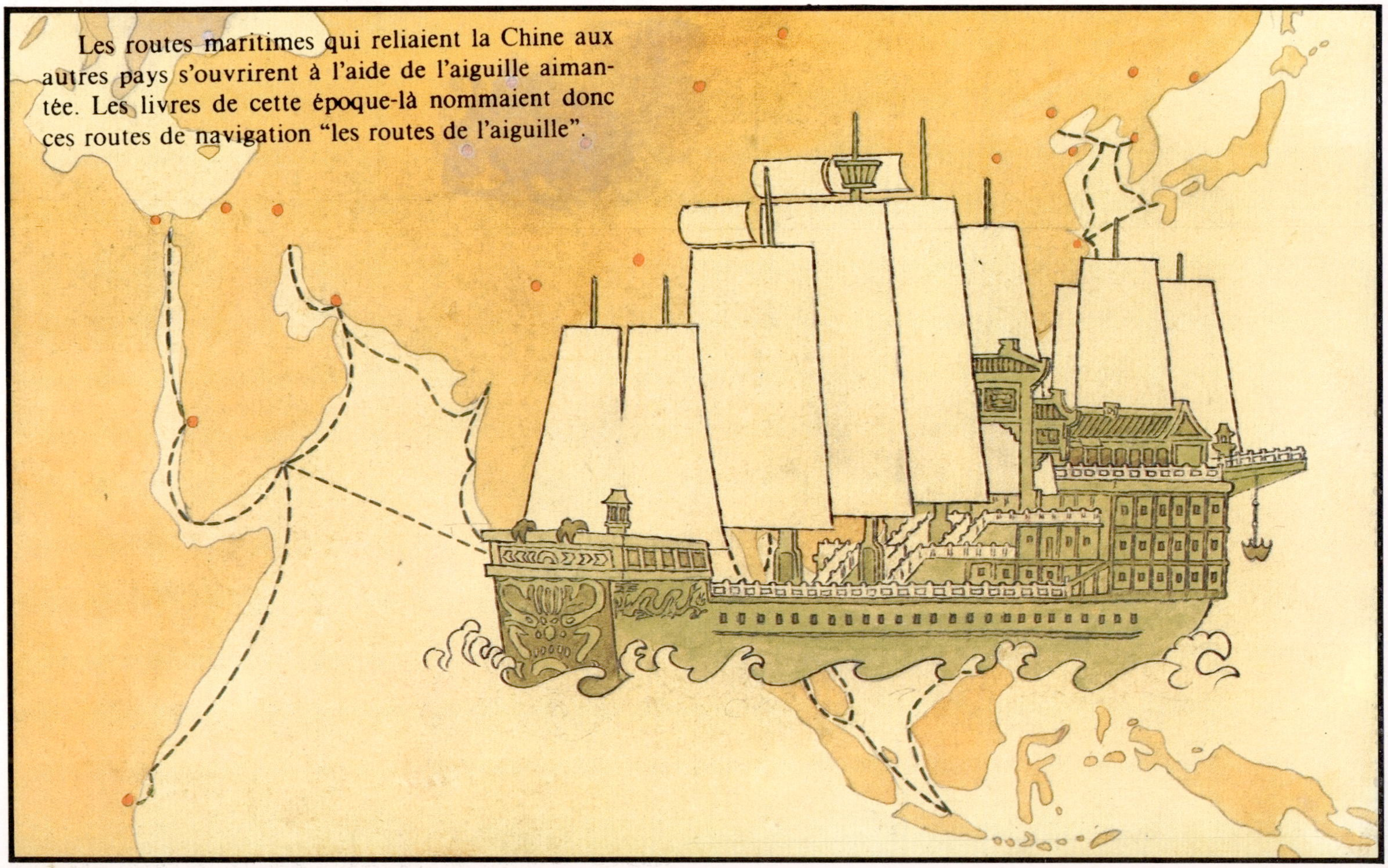

Les prêtres taoïstes et la poudre

Les moines aimaient à réciter des sûtras, et les prêtres taoïstes se passionnaient pour l'alchimie. A force d'essayer toujours, ils finirent par obtenir la terrible "drogue à feu", la poudre.

Dans la Chine antique, il y avait beaucoup d'alchimistes qui rêvaient de fabriquer de l'or, de l'argent ou encore la fameuse "pierre philosophale" capable de fournir le remède pour l'immortalité ou "l'élixir de vie". En recourant à toutes sortes de minéraux et de plantes, ils se consacrèrent à cette recherche aventureuse.

Le salpêtre et le soufre étaient considérés dans l'antiquité comme "médicament de qualité" et "médicament commun". En ajoutant du charbon de bois, on finit par composer par hasard les éléments essentiels de la poudre.

Après bien des expériences dangereuses, on arriva enfin à trouver les justes proportions de salpêtre, de soufre et de charbon de bois nécessaires à la composition de la poudre. C'est ainsi que la poudre fit son apparition. Au IXe siècle, l'invention de la poudre commença à trouver une application dans la guerre.

Les dernières années de la dynastie des Tang, c'est-à-dire la fin du IXe siècle, furent une période de grands troubles et de guerres incessantes en Chine.

Grand maître, Kong Ming vous demande audience.

J'ai fabriqué quelques dizaines de "lance-flammes" pour vous aider à vous emparer de la ville.
Mille mercis!

Ce "lance-flammes" était un paquet de poudre. Après avoir placé des paquets de poudre sur un lance-bombes, on allumait la mèche et on les projetait sur l'ennemi.

Ah! Je suis brûlé! Je vais mourir!
Les pierres peuvent s'enflammer, c'est bizarre!
Sauvons-nous vite!

Ha! Ha! La tour est en flammes!

Grand maître, voulez-vous fabriquer davantage de "lance-flammes", s'il vous plaît?
Volontiers!

Du XIe siècle au XIIIe siècle, le gouvernement de la dynastie des Song établit à Kaifeng des grandes manufactures de poudre où l'on produisit toutes sortes d'armes à feu.

Les boulets explosifs -- feu!
Aïe!
Ciel!
Je ne vois plus rien!
Cette bataille fut nommée "la bataille de Caishi". Selon les annales historiques, la composition des boulets explosifs était probablement la suivante:
craie
poudre

En 1132, Chen Gui, du district de Gaomi, inventa le premier lance-flammes confectionné avec un long tube de bambou épais. Au lance-flammes succédèrent les armes à feu métalliques.

Le plus ancien canon découvert.

Mortier de cette époque.

Avec l'amélioration de la poudre, les armes à feu se perfectionnèrent également. Au Xe siècle, les premières fusées étaient décochées avec la force humaine. Puis les fusées furent propulsées par la poussée engendrée par la poudre enflammée.

Au XIVe siècle, en combinant le principe de la flèche-fusée et celui du cerf-volant, on mit au point les premiers projectiles explosifs qui pouvaient voler sur l'ennemi.

La foudre qui ébranle le ciel.

Le dragon de feu sortant de l'eau.

Le corbeau de feu.

Malgré l'échec de sa tentative, l'idée de cet aventurier n'était pas fausse: l'homme est capable de s'envoler vers le ciel. Cinq cents ans plus tard, ce rêve humain finit par se réaliser.